http://www.hongos.ar
@hongosdeargentina
contacto@hongos.ar

Fundación Hongos de Argentina para la Sustentabilidad. 2023 © hongos.ar
Autores: Sergio Pérez Gorjón y Gonzalo M. Romano

Diseño gráfico y maquetación: Florencia Saez - http://civettaestudio.com.ar
f@civettaestudio - civettaestudio@gmail.com/ info@civettaestudio.com.ar

Pérez Gorjon, Sergio
Guía de identificación de hongos costra / Sergio Pérez Gorjon; Gonzalo Matias Romano. - 1a ed. - Esquel : Fundación Hongos de Argentina para la Sustentabilidad, 2023.
66 p. ; 22 x 15 cm.

ISBN 978-987-47714-9-0

1. Hongos. 2. Ciencias Naturales. 3. Conservación de la Naturaleza. I. Romano, Gonzalo Matias. II. Título.
CDD 561.92

Sergio P. Gorjón y Gonzalo M. Romano

Guía de identificación de hongos costra

HONGOS·AR
HONGOS DE ARGENTINA

HONGOS·AR
HONGOS DE ARGENTINA

La Fundación Hongos de Argentina para la Sustentabilidad tiene como objetivos:

• Crear, promover, organizar y ejecutar la investigación, documentación, conservación, uso sustentable y difusión integral del Reino de los Hongos y sus potencialidades desde una base científica;

• Concientizar sobre la diversidad fúngica, su rol en los ecosistemas, su interacción con otros organismos, sus potenciales usos biotecnológicos, culinarios, medicinales y/o estéticos a través del desarrollo de investigaciones;

• Capacitar y fortalecer los conocimientos de las personas involucradas y desarrollar y aplicar nuevas tecnologías para la investigación en micología.

Índice

#1

Objetivo de esta guía

Esta guía representa el cuarto volumen de la colección de Guías de Hongos de Argentina. El primero, ***"Guía ilustrada de recolección de hongos"***, permite introducir al lector en la biología general de los hongos: cómo viven y se nutren, en dónde se encuentran, cuál es su importancia en los ecosistemas y sobre todo cómo observarlos, fotografiarlos y recolectarlos. El segundo, ***"Guía ilustrada de identificación de hongos"***, buscó proporcionar más información y enumerar características de importancia en el estudio de clasificación del Reino Fungi, brindando herramientas morfológicas prácticas para poder distinguir los grandes grupos de hongos que se pueden observar a simple vista. El tercero, ***"Guía de identificación de hongos con laminillas"***, da lugar a la primera Guía que se adentra en uno de los grandes grupos de hongos en Argentina: los hongos con laminillas.

Esta cuarta entrega ***"Guía de identificación de hongos costra"*** profundiza en el estudio y descripción de un grupo de hongos poco conocido. Con este volumen pretendemos acercar al gran público estos organismos, que pueden parecer simples y poco atractivos visualmente, pero que tienen una gran importancia e interés ecológico.

#2

¿Qué son los hongos?

Como vimos en las Guías anteriores, el cuerpo de los hongos filamentosos está formado por cadenas de células que se extienden en el sustrato en el que habitan. Estos filamentos se llaman hifas, y forman el micelio del hongo. El micelio representa el cuerpo verdadero de los hongos: este será el responsable de la respiración, alimentación, crecimiento y, en última instancia, dará lugar a la generación de esporas en estructuras que llamamos esporomas.

El ciclo de vida de una especie de este grupo de hongos comienza cuando una espora, transportada por el viento, agua o algún animal, se deposita en un sustrato adecuado (suelo, madera, etc.). Si las condiciones ambientales le resultan favorables (tanto por disponibilidad de nutrientes, como por temperatura y humedad), esta espora comenzará a desarrollar la primera hifa de su micelio. Este micelio se denomina "micelio primario" y crece por un período de tiempo variable pero relativamente breve: hasta entrar en contacto con otro micelio primario de la misma especie. Pero no basta con que sea de la misma especie, sino que también deben ser compatibles para que puedan fusionarse: esta compatibilidad es lo más cercano en el Reino Fungi a lo que conocemos como "sexos" en el Reino Animalia. Así entonces, la fusión entre ambos micelios primarios compatibles de la misma especie da lugar a la siguiente etapa en el ciclo de vida del hongo: el micelio secundario. Este representa la mayor parte del ciclo de vida en términos de su duración. Una vez que este micelio secundario se ha establecido y crecido lo suficiente, y siempre que las condiciones ambientales le resulten favorables, producirá sus propios esporomas. Como mencionamos anteriormente, los esporomas son las estructuras complejas en las que se encuentra la parte fértil del micelio: el himenio. Es allí donde se producen las esporas que recomenzarán el ciclo de vida (Figura 1).

Es importante tener presente qué ocurre a nivel celular en cada etapa del ciclo: las células que forman el micelio primario poseen un único núcleo, por lo que decimos que el micelio es haploide o que tiene un complemento cromosómico "n". Al fusionarse con otro micelio primario en un proceso llamado plasmogamia (somatogamia), todas las células pasan por un proceso de duplicación y migración de núcleos que da como resultado que cada célula (del ahora micelio secundario) ahora tiene dos núcleos (uno de cada micelio primario original). Los dos núcleos coexisten de manera independiente en cada célula. Por esta razón el micelio secundario es dicariótico o "n+n". Cuando se forman los esporomas, más específicamente en el himenio, el micelio secundario forma en su extremo unas células llamadas basidios. En ellos, los dos núcleos se unen en uno en un proceso llamado cariogamia, que da lugar a que por un breve lapso de tiempo el basidio sea diploide o "2n". Este arreglo cromosómico pronto sufre una división meiótica, que da lugar a cuatro núcleos haploides o "n". El basidio pasa entonces a formar esterigmas (prolongaciones del citoplasma), a los que migrarán los núcleos. Por supuesto que existen excepciones, pero generalmente se considera que cada basidio da lugar a 4 esporas. Cada espora, al ser producto de una división meiótica, posee una combinación genética única. Una vez que las esporas están completamente formadas, y cuando las condiciones de temperatura y humedad sean propicias, serán liberadas al ambiente, recomenzando el ciclo de vida.

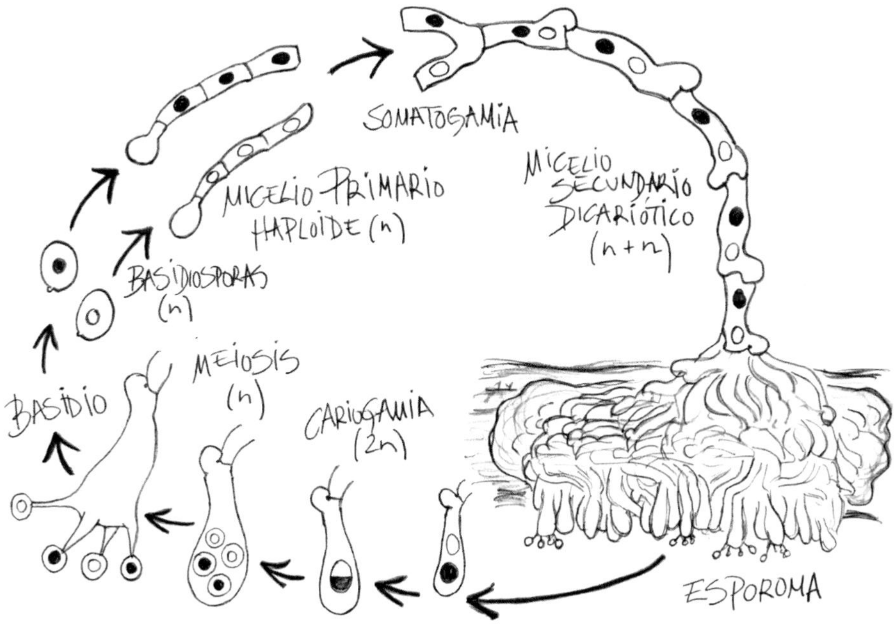

Figura 1

Ciclo de vida de un hongo Basidiomycota

#3

Los hongos costra

Los hongos costra, también llamados hongos corticioides o resupinados, son un grupo muy heterogéneo de organismos que comparten un tipo de esporoma formador de esporas bastante simple en principio, sin presentar un pie y un sombrero claramente definido. Aunque puedan parecer un grupo de hongos poco atractivos y sencillos estructuralmente, una vez que se profundiza en su estudio, tanto a nivel macro como microscópico, se revela una gran diversidad de formas y patrones.

Los hongos resupinados están presentes en prácticamente todos los grandes órdenes de hongos, y en esta Guía nos vamos a centrar en aquellos que producen basidiosporas y que pertenecen a la División Basidiomycota (en la División Ascomycota podemos encontrar también estructuras en forma de costra, pero no son los verdaderos esporomas, sino estromas formados por un conjunto de hifas endurecidas que sirven de soporte a los verdaderos esporomas). Podemos encontrar formas de costra en grupos filogenéticamente muy distantes; en unos las formas resupinadas constituyen el carácter ancestral y en otros, a partir de formas con pie y sombrero, evolutivamente ha derivado nuevamente a formas más simples. Por lo tanto, nos podemos encontrar en la mayoría de los órdenes actuales, hongos que forman esporomas con forma de hongo típica, con pie y sombrero, y estrechamente relacionados, otros que lo hacen en forma de costra. A fin de cuentas, los hongos corticioides no forman un grupo natural de especies hermanas y similares características, sino que se encuentran dispersos y entremezclados con otros hongos de formas estructuralmente más complejas. A modo de ejemplo, el género *Peniophora*, una costra típica, se encuentra filogenéticamente más relacionado con el género *Russula*, que produce hongos con pie y sombrero, que con otros géneros como *Botryobasidium, Corticium, Cylindrobasidium, Nothocorticium*, que producen costras, y que además todos ellos pertenecen a distintos órdenes.

La gran mayoría de los hongos corticioides son organismos descomponedores de la madera y obtienen su energía y componentes fundamentales degradando restos vegetales en descomposición. De esta manera reciclan e incorporan los restos orgánicos en los diversos ciclos de nutrientes. Un pequeño grupo son ectomicorrícicos, estableciendo relaciones con diferentes especies vegetales. Unos pocos son patógenos, generalmente débiles, causando en algunos casos daños de diferente consideración a las plantas que parasitan. Algunas especies muestran un amplio rango de hospedantes y pueden crecer sobre prácticamente cualquier sustrato vegetal en descomposición, mientras que otras muestran un comportamiento mucho más restringido encontrándose asociadas solo a un grupo vegetal, e incluso a una única especie. Ciertas especies pueden establecer relaciones de simbiosis con algunos animales, principalmente insectos, los cuales se benefician de la acción descomponedora de la madera y en las que el hongo obtiene un vector de dispersión de las esporas.

#4

¿Cómo se estudian e identifican?

Para la identificación de las diferentes especies de los hongos corticioides, los caracteres macroscópicos, así como el estudio de sus estructuras microscópicas, son de suma relevancia. También es importante considerar su ecología y el sustrato al que se encuentran asociados. Veamos cada uno de ellos:

•*Caracteres macroscópicos*

Para hacer una correcta identificación de las especies, los caracteres macroscópicos son, en la mayoría de los casos, fundamentales y necesarios. La forma y tamaño de los basidiomas (cuerpos fructíferos o esporomas) y la forma y color del himenóforo (zona fértil del basidioma donde se encuentra el himenio y sus diferentes elementos) son elementos claves y en algunos casos se puede hacer una correcta identificación de las especies a simple vista sin recurrir a elementos microscópicos, siempre que se tenga la experiencia previa necesaria para ello. Los hongos corticioides, generalmente presentan basidiomas en forma de costra o finas películas adheridas más o menos firmemente al sustrato. En algunas ocasiones pueden ser algo más estructurados presentando el margen reflejo, o con un sombrero ligeramente desarrollado, que puede ser aplanado o cupuliforme y en ciertas especies se puede generar un pequeño soporte a modo de pie, si bien muy rudimentario (Figura 2). Aunque en una primera aproximación los hongos corticioides nos puedan parecer simples, cuando los observamos a la lupa, aunque sea con poco aumento, nos desvelan una gran complejidad de formas y estructuras.

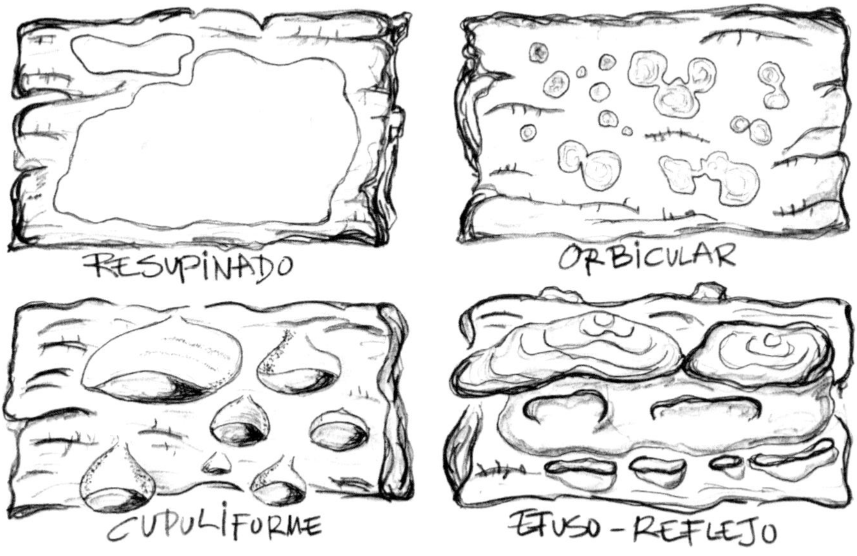

Figura 2

Algunos tipos de esporomas de hongos corticioides

Himenóforo (superficie himenial)

El himenóforo constituye la parte del basidioma donde se localiza el himenio. Puede tener una configuración muy variable incluso dentro de un mismo género. De manera general, el himenóforo suele ser liso y, para aumentar la superficie de producción de basidiosporas, puede adoptar un estructura verrugosa o tuberculada, odontioide, hidnoide, lameliforme, merulioide, reticulada o poroide.

Figura 3

Algunos tipos de himenóforos en los hongos corticioides

•*Caracteres microscópicos*

En el estudio de los hongos corticioides, los caracteres microscópicos son fundamentales en la mayoría de los casos. Con una cierta experiencia, uno se puede familiarizar con las especies más comunes de su entorno, pero no sin antes haberlas estudiado en profundidad y recurriendo a sus características microscópicas. Desafortunadamente no se puede llegar a una correcta identificación de muchas de las especies de hongos con forma de costra sin el uso de un buen microscopio. Como el lector al que está destinada esta serie de Guías seguramente no podrá tener acceso a medios de microscopía, hemos intentado no hacer excesiva referencia a los elementos microscópicos más que cuando ha sido estrictamente necesario. Sin embargo, para aquellas personas que puedan o quieran introducirse en el mundo oculto de los hongos costra, haremos alguna referencia a aquellas estructuras microscópicas fundamentales para su estudio e identificación.

Hifas y sistemas de hifas

A nivel microscópico, lo primero que debemos tener en consideración, es el estudio de la estructura y configuración de su sistema de hifas. Por lo general, la mayoría de los hongos corticioides sólo presenta un tipo de hifas, que se denominan generativas porque van a dar lugar a los basidios que van a generar las basidiosporas, estructuras fundamentales para la reproducción sexual. Las hifas generativas pueden tener paredes delgadas o más o menos engrosadas y presentar septos simples o fibulados (véase el glosario). Si únicamente están presentes las hifas generativas se habla de sistema de hifas monomítico. Para la formación de un esporoma simple, resupinado, que no presenta un pie y sombrero desarrollado, con este tipo de hifas es por lo general más que suficiente. Aquellos que necesiten una mayor complejidad para la formación de sus estructuras reproductivas (con la formación de un pie o un sombrero), se necesitan otro tipo de hifas que proporcionen sostén y estructura. Se presentan entonces las hifas vegetativas, que pueden ser de dos tipos: esqueléticas (sin ramificar) y conectivas o ligadoras (más o menos ramificadas). Como las hifas generativas siempre están presentes, si se dan además estos otros tipos de hifas se suele hablar de sistema hifal dimítico (hifas generativas más uno de los dos tipos de hifas vegetativas) o trímítico (hifas generativas más los dos tipos de hifas vegetativas).

Cistidios (estructuras estériles)

Los cistidios son células estériles que no producen esporas y que se encuentran junto a los basidios en la zona himenial. Los cistidios pueden ser muy variados morfológicamente y su estudio es fundamental en muchas especies de hongos corticioides. Su función no es perfectamente conocida, aunque pueden llegar a favorecer la estructura del himenio y la disposición de los basidios en una estructura más laxa que ayude a la correcta formación y dispersión de las basidiosporas. En otros casos (gloeocistidios), pueden contener ciertas sustancias que atraigan a insectos y que ayuden a la dispersión de las esporas o que ahuyenten a ciertos animales. Ciertos tipos (estefanocistidios) sirven para atrapar animales y están presentes en aquellas especies de hongos que viven en sustratos con carencia de nutrientes. Otros (dendrohifas, acantohifas) pueden servir como protección de los basidios en ambientes expuestos a la desecación. Muchos cistidios suelen estar adornados con incrustaciones cristalinas, otros pueden carecer de ellas y presentar las paredes de la célula más o menos engrosadas. Algunos reaccionan con ciertos compuestos dando una coloración característica de utilidad taxonómica y/o se disuelven más o menos en ellos.

Basidios

Los basidios son las estructuras fundamentales que sirven para la producción de las basidiosporas. En principio, el basidio es una célula con dotación doble de cromosomas (diploide) que sufre un proceso de división reduccional (meiosis) y que produce, de manera general, cuatro núcleos haploides. Estos núcleos se recubrirán de una pared celular más o menos engrosada y serán expulsados del basidio a través de unas estructuras con forma de filamento características denominadas esterigmas. Las basidiosporas quedan adheridas en principio al esterigma y posteriormente serán lanzadas con mayor o menor fuerza o se desprenden del mismo de una manera pasiva. Los basidios pueden tener diferente forma siendo ésta y su tamaño un carácter taxonómico importante. Los basidios pueden ser más o menos globosos, claviformes, tubulares, alargados o cortos y portan generalmente cuatro basidiosporas (aunque esto puede variar de una a ocho basidiosporas).

Basidiosporas

Las basidiosporas son los elementos de reproducción sexual que sirven para la dispersión de los hongos basidiomicetos. Provienen como hemos mencionado anteriormente de la división meiótica que sufre el basidio y pueden ser de diferentes formas y tamaños. Pueden variar de globosas a elipsoides, cilíndricas a alantoides, presentar paredes delgadas, engrosadas o muy variablemente ornamentadas y dar reacciones de coloración características con algunos reactivos. La forma, ornamentación y tamaño de las basidiosporas en los hongos corticioides es un carácter fundamental en la diferenciación de los diferentes géneros y especies. En general, el color de la esporada, a diferencia de lo que sucede en los hongos con laminillas, no es un carácter taxonómico que ayude mucho en la identificación.

Otras esporas

Algunas especies forman esporas de origen asexual (mitótico), también llamadas conidios, que se producen en estructuras muy diversas. A menudo se da una fase de producción de esporas asexuales (fase imperfecta) y otra fase de producción de esporas sexuales (fase perfecta), o pueden, en algunos casos, estar íntimamente ligadas en un mismo esporoma.

•*Ecología*

En el estudio de los hongos corticioides, si bien sus caracteres macro y micromorfológicos son fundamentales y definitivos, su ecología y las especies a las que están asociados, nos pueden dar algunas pistas para su correcta identificación. Muchas especies tienen preferencias por los bosques de coníferas y otras solo por los bosques de árboles planifolios, si bien muchas de ellas son más generalistas. Algunas tienen preferencia por ambientes más expuestos y secos, encontrándose únicamente en zonas de cortezas y ramas que sufren una cierta exposición, si bien evitan las zonas de excesiva insolación directa. Unas pocas se encuentran en sustratos siempre encharcados o humedecidos. Otras, por su parte, aparecen en los primeros estadíos de degradación de los restos vegetales, en zonas corticadas o no, y muchas de ellas se han especializado en degradar los restos vegetales en sus episodios más avanzados de descomposición, encontrándose únicamente en zonas muy húmedas y degradadas. La gran mayoría son capaces de descomponer los compuestos mayoritarios de las paredes celulares vegetales (celulosa, hemicelulosa, lignina y otras moléculas) para obtener sus nutrientes, generando una pudrición fibrosa blanca en la que la madera queda completamente degradada con un aspecto blanquecino de fibras humedecidas por la acción descomponedora del hongo. Unas pocas especies solo pueden descomponer la celulosa y dejan más o menos intacta la lignina, produciendo la llamada pudrición cúbica castaña, en la que la madera queda con una coloración castaño y con una estructura cúbica debido a los restos de lignina de las paredes celulares vegetales. Se ha visto que una parte de los hongos corticioides son ectomicorrícicos, y utilizan el sustrato solo como soporte, aunque no se nutren directamente de los restos vegetales. En este caso, podemos encontrar algunas especies que desarrollan sus esporomas sobre o bajo piedras, hojas o sobre musgos, aunque no tengan una relación directa de nutrición con estos sustratos. Por lo tanto, es muy importante registrar cuidadosamente el sustrato y la ecología de las especies que estemos estudiando porque esto nos dará información muy valiosa sobre sus hábitos y preferencias.

#5

¿Cómo usar una clave?

Las claves dicotómicas son un esquema diseñado para facilitar la identificación de organismos. Son utilizadas en diversas disciplinas por su practicidad y por la gran cantidad de información que resumen. Constan de pasos consecutivos, que siguen una secuencia ordenada, en donde se comparan caracteres. No existe un criterio preestablecido para elaborarlas, pero resulta práctico partir de la información de lo más general a lo más específico, con el fin de incluir al ejemplar que estamos observando dentro de un grupo. Estos caracteres deben ser presentados en cada paso de a dos (por eso se llama dicotómica) y deben ser contrapuestos, de modo tal que de las dos alternativas diferentes se deberá elegir solamente una, ya que no es posible que un ejemplar cumpla con las dos alternativas a la vez.

Al elegir uno de los dos caminos planteados, se transita por las distintas series de pasos hasta lograr la determinación del ejemplar en cuestión.

El primer paso (1) describe un carácter, y el mismo paso "prima" (1´) describe lo opuesto. Cada instancia de un paso lleva a otro paso consecutivo, donde se repite el procedimiento.

#6

Clave para identificar los principales géneros de hongos costra

Para facilitar su uso al gran público, en las siguientes claves se han utilizado fundamentalmente caracteres macroscópicos que faciliten la identificación sin necesidad de la utilización de un microscopio. No obstante, las claves deben ser utilizadas con mucha cautela ya que, en los hongos costra, el uso de los elementos microscópicos es fundamental para llegar a una correcta identificación. Se recomienda examinar las descripciones y fotografías para comparar géneros que puedan resultar similares.

1. Esporomas muy gelatinosos y/o carnosos 2

1´. Esporomas no gelatinosos ni carnosos 3

2. Esporomas muy carnosos, discoides con forma de oreja y con un pequeño pie de adhesión al sustrato .... *Gloeosoma* (Pág. 39)

2´. Esporomas resupinados o efuso-reflejos .... *Phlebia* (Pág. 44)

3. Esporomas con el margen reflejo, pileados o cupuliformes 4
3´. Esporomas totalmente resupinados 7
4. Himenóforo de color violeta .... *Chondrostereum* (Pág. 32)
4´. Himenóforo de amarillento a anaranjado 5
5. Esporomas coriáceos... *Stereum* (Pág. 48)
5´. Esporomas membranáceos 6
6. En angiospermas .... *Stereodiscus* (Pág. 47)
6´. En gimnospermas .... *Aleurocystidiellum* (Pág. 26)
7. Sobre corteza de árboles vivos 8
7´. En restos vegetales, pero no exclusivamente en corteza 10
8. Esporoma duro, óseo, blanco .... *Dendrothele* (Pág. 37)
8´. Esporoma membranáceo, blanco a rosado 9
9. Esporoma con un tinte rosado, en angiospermas.................................
.... *Nothocorticium* (Pág. 41)
9´. Esporoma blanco, en gimnospermas ....*Aleurocystidiellum* (Pág. 26)
10. Esporomas peliculares, fácilmente separables del sustrato 11
10´. Esporomas adherentes, que no se separan sin fragmentarse 14
11. Himenóforo odontioide a hidnoide, de colores vivos 12
11´. Himenóforo liso, de color blanco a amarillento 13
12. Himenóforo odontioide, azul o verdoso ....*Amaurodon* (Pág. 27)
12´. Himenóforo hidnoide, blanquecino, amarillento a castaño ....
....*Kavinia* (Pág. 40)
13. Himenóforo blanco .... *Athelia* (Pág. 28)
13´. Himenóforo con tonos amarillentos ....
................................*Athelopsis* (Pág. 29) (véase también *Tomentellopsis*)
14. Himenóforo claramente odontioide a irpicoide 15
14´. Himenóforo liso a tuberculado o grandinioide 16

15. Himenóforo irpicoide, con acúleos aplanados que forman una red semiporoide .... *Pirex* (Pág. 45)

15´. Himenóforo odontioide .... *Xylodon* (Pág. 55)

16. Esporomas pruinosos a subgelatinosos, en general violáceos .... *Tulasnella* (Pág. 54)

16´. Esporomas diferentes, de otros colores 17

17. Esporomas farináceos, porulosos, frágiles, que se disgregan al manipular 18

17´. Esporomas membranáceos, rígidos y difíciles de romper 22

18. Con cistidios que le dan un aspecto piloso (lupa 10×)..................... .... *Subulicystidium* (Pág. 49)

18´. Sin cistidios 19

19. Himenóforo coloreado 20

19´. Himenóforo de color blanquecino 21

20. Himenóforo anaranjado a castaño .... *Tomentella* (Pág. 51)

20´. Himenóforo amarillento .... *Tomentellopsis* (Pág. 52)

21. Himenóforo grandinioide, odontioide o poroide, generalmente con rizomorfos o cordones de hifas .... *Trechispora* (Pág. 53)

21´. Himenóforo farináceo, sin cordones hifales .... véase *Botryobasidium* (Pág. 30), *Ceratobasidium* (Pág. 31), *Sistotrema* (Pág. 46) y *Thanatephorus* (Pág. 50). Su identificación en base a caracteres macroscópicos no es fiable y se debe recurrir siempre al estudio microscópico.

22. Con cistidios visibles a la lupa (10×)... 23

22´. Sin cistidios apreciables a la lupa 24

23. Himenóforo amarillento vivo a castaño, tuberculado, coriáceo, sin rizomorfos .... *Crustoderma* (Pág. 35)

23´. Himenóforo blanquecino a crema, liso, membranáceo, frecuentemente con rizomorfos .... *Phanerochaete* (Pág. 43)

24. Himenóforo más o menos tuberculado .... *Globuliciopsis* (Pág. 38)

24´. Himenóforo liso o cuarteado 25

25. Himenóforo de color rosado .... *Corticium* (Pág. 34)

25´. Himenóforo de amarillento a anaranjado 26

26. Himenóforo de color crema amarillento, esporoma al principio orbicular .... *Cylindrobasidium* (Pág. 36)

26´. Himenóforo violáceo, castaño o grisáceo, esporoma continuo 27

27. Esporoma castaño amarillento, esporada amarillenta .... *Coniophora* (Pág. 33)

27´. Esporoma castaño, grisáceo o violáceo, esporada rosada o rojiza.. .... *Peniophora* (Pág. 42)

#7

Descripciones de los géneros más frecuentes

Aleurocystidiellum bernicchiae

Aleurocystidiellum

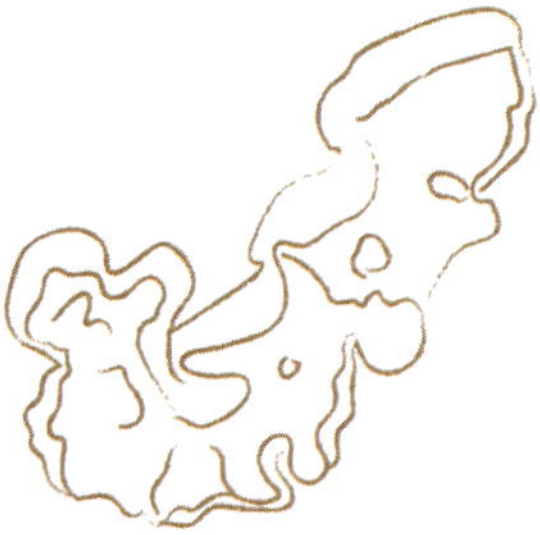

Esporomas resupinados a cupuliformes, efusos, con el margen adherente o replegado, lobulado, con la superficie himenial membranácea, lisa, de color blanco a crema castaño. A nivel microscópico se diferencia por las esporas ornamentadas y amiloides. Sobre la corteza de gimnospermas. A pesar de su aspecto de costra, está relacionado con *Russula* y *Lactarius* en los Russulales.

Amaurodon viridis

Amaurodon

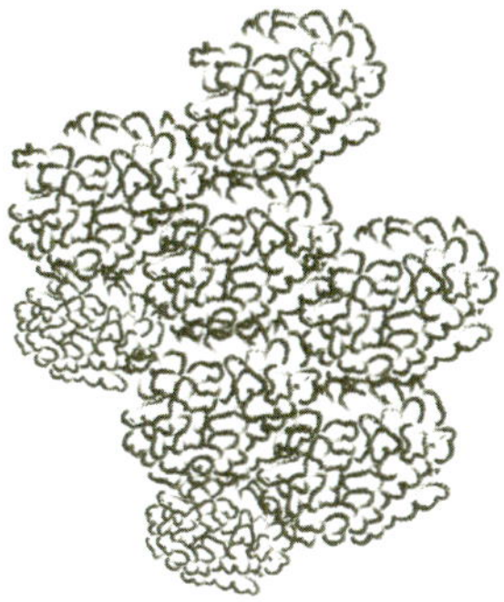

Esporomas peliculares, frágiles, que se separan fácilmente del sustrato. Himenóforo liso a odontioide, que presenta una coloración azulada característica en fresco, y que vira a verde cuando se seca. Las basidiosporas son muy características, tomando una coloración azul violácea en KOH y siendo hialinas o amarillentas en agua. Asociado a restos muy degradados de madera en descomposición.

Athelia epiphylla

Athelia

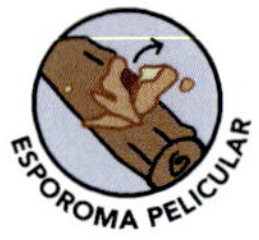

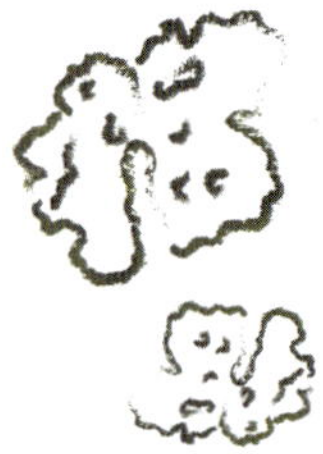

Esporomas resupinados, peliculares, membranosos, fácilmente separables del sustrato como una telilla continua. Los esporomas son generalmente de color blanco presentando la superficie himenial lisa. Al microscopio se diferencian bastante bien por la disposición de las hifas que forman una estructura laxa, con ramificaciones en forma de candelabro. Suelen producir sus esporomas sobre restos de madera, hojas o en musgos.

Athelopsis virescens

Athelopsis

Esporomas resupinados, peliculares o membranosos y, a diferencia de *Athelia*, con coloraciones amarillentas o verdosas, o que presentan variación de color en contacto con soluciones básicas. A nivel microscópico, las hifas y basidios se disponen de una manera más compacta que en *Athelia* y los basidios tienen una base estrecha pedunculada. Sobre restos vegetales y madera en descomposición.

Botryobasidium vagum

Botryobasidium

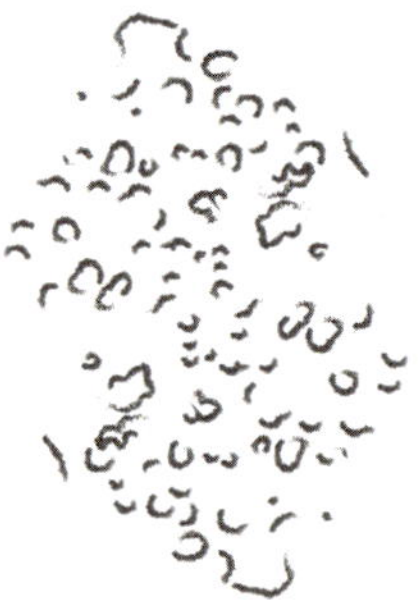

Esporomas resupinados, porulosos, farinosos, muy delgados, pareciendo como una delgada capa de harina, de colores blanquecinos o grisáceos, que suelen cubrir grandes zonas del sustrato. A nivel microscópico se caracteriza por las hifas de gran anchura, que se disponen de manera laxa, dispuestas en ángulo recto y por los basidios que generalmente producen de seis a ocho esporas. Sobre madera en descomposición, apareciendo en los primeros estados de degradación.

Ceratobasidium cornigerum

Ceratobasidium

Esporomas generalmente inconspícuos, resupinados, porulosos o farinosos, de color blanquecino o grisáceo. A nivel microscópico se caracteriza por los basidios globosos que producen largos esterigmas y esporas repetitivas, es decir, que producen esporas secundarias cuando germinan. Suelen formar sus esporomas en ramas o en madera poco degradada, apareciendo en las primeras fases de la pudrición.

Chondrostereum purpureum

Chondrostereum

Esporomas resupinados o con el margen reflejo cuando maduros, flexibles, la superficie pileica, cuando está presente, más o menos tomentosa. Himenóforo liso, de color característico lila a violeta. Sobre madera en descomposición o zonas de madera muerta de árboles en pie, participando de las primeras etapas de la degradación. Pertenece a los Agaricales.

Coniophora arida

Coniophora

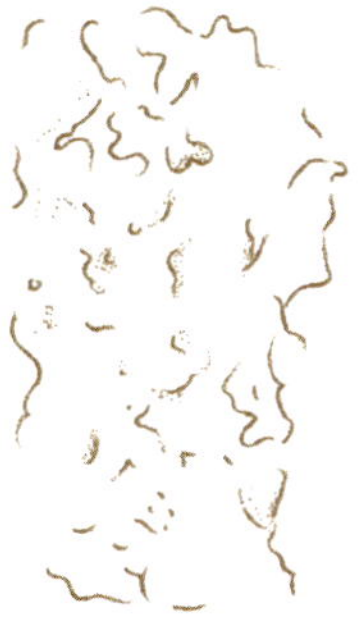

Esporomas resupinados, con la superficie himenial lisa o tuberculada, afieltrada, de colores amarillentos a castaños. A nivel microscópico se caracteriza por las esporas de pared gruesa y de coloración amarillenta que da una esporada amarilla. Asociado a restos de madera en descomposición. A pesar de su aspecto de costra, está íntimamente relacionado con los géneros *Boletus* y *Suillus*, hongos carnosos con pie y sombrero, en los Boletales.

Corticium roseum

Corticium

Esporomas resupinados, con típica forma de costra siendo el género que da el nombre al grupo de los hongos corticioides. Himenóforo liso y generalmente con tintes rosados ya que la esporada es de color rosado. A nivel microscópico suele presentar gran abundancia de dendrohifas muy ramificadas que forman una maraña de protección por encima de los basidios que, en condiciones favorables, alargan el cuello para liberar las esporas superando dicha capa de hifas ramificadas. En madera en descomposición, en hábitats secos y expuestos.

Crustoderma dryinum

Crustoderma

Esporomas resupinados, membranaceos, efusos. Himenóforo liso a tuberculado, de un color amarillento intenso a castaño, con el margen blanquecino, sin rizomorfos. Suele presentar grandes cistidios de paredes gruesas que se pueden apreciar a simple vista o con la ayuda de una lupa. Sobre troncos y restos vegetales, generalmente cubriendo grandes zonas de la madera, en la parte inferior de grandes troncos.

Cylindrobasidium laeve

Cylindrobasidium

Esporomas resupinados, al principio orbiculares, con el himenóforo liso, de color crema, y el margen blanquecino, fibrilloso. En la maduración, van confluyendo y el himenóforo se presenta frecuentemente cuarteado. Generalmente sobre pequeñas ramas corticadas o madera en los primeros estadíos de descomposición.

Dendrothele andinopatagonica

Dendrothele

Esporomas resupinados, con el himenóforo liso a ligeramente tuberculado, de colores blanquecinos. A nivel microscópico presentan una gran cantidad de elementos estériles (hifidios, dendrohifas) que protegen a los basidios de la desecación y que suelen producir esporas muy grandes y generalmente con paredes gruesas como adaptación a su hábitat. Forman sus esporomas en la corteza de árboles vivos, en zonas bastante expuestas, siendo generalmente muy específicas.

Globuliciopsis fuegiana

Globuliciopsis

Esporomas resupinados, con el himenóforo liso a ligeramente tuberculado, de color crema rojizo a anaranjado. Se identifica a nivel microscópico por los grandes basidios y basidiosporas globosas y por no presentar ningún cistidio característico. Se puede confundir macroscópicamente con *Peniophora incarnata* de la que se diferencia por sus estructuras microscópicas (gloeocistidios, cistidios incrustados y esporas elipsoides). Es un género monoespecífico endémico de la Patagonia argentina y chilena que produce esporomas sobre ramas de *Nothofagus*.

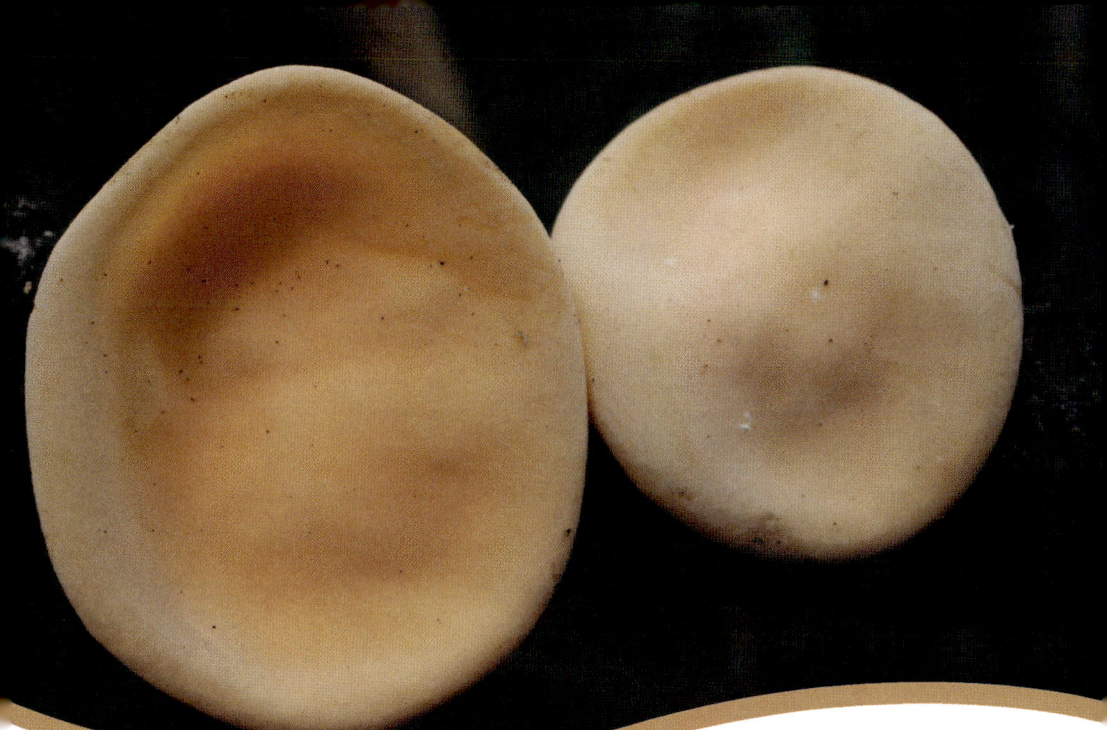

Gloeosoma vitellinum

Gloeosoma

Esporomas discoides, carnosos y gelatinosos, de color anaranjado pálido a intenso. La zona himenial es lisa y suele presentar una pruina blanquecina por la acumulación de las esporas. Forma sus esporomas en ramas muertas de árboles planifolios siendo localmente abundante. En *Gloeosoma vitellinum* se han encontrado un tipo de benzofuranos que inhibirían la formación de placas amiloides en la corteza cerebral, una de las causas de la enfermedad de Alzheimer.

Kavinia chacoserrana

Kavinia

Esporomas resupinados, de peliculares a membranosos, con el himenóforo hidnoide formado por largos acúleos, margen fibrilloso, frecuentemente con rizomorfos. A nivel microscópico es muy característico por las esporas fusoides y ornamentadas con verrugas cianófilas. *Kavinia* está relacionada con géneros de hongos corales como *Ramaria* y *Gomphus*. Sobre restos vegetales en descomposición.

Nothocorticium patagonicum

Nothocorticium

Esporomas orbiculares, a veces confluentes cuando maduran. Himenóforo de color crema con tonos típicamente rosados. Margen fibrilloso que suele originar largos rizomorfos blancos que penetran en la madera. Microscópicamente se caracteriza por los hifidios incrustados y grandes basidios con dos esterigmas que producen grandes basidiosporas cilíndricas. Produce sus esporomas típicamente en corteza de árboles vivos del género *Nothofagus*, aunque puede encontrarse raramente en madera en descomposición. Es un género monoespecífico endémico de la Patagonia argentina y chilena.

Peniophora lycii

Peniophora

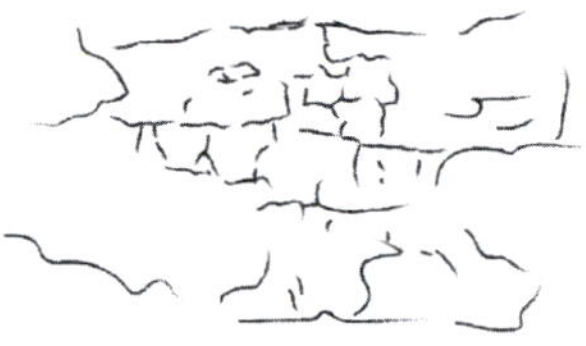

Esporomas resupinados y firmemente adheridos al sustrato, de consistencia dura. El himenóforo es liso y de coloraciones generalmente violáceas, aunque algunas especies presentan coloraciones anaranjadas o más pálidas. Se diferencia por la presencia de cistidios metuloides más o menos incrustados y su esporada rojiza o violácea. Sobre ramas o madera en descomposición, en los primeros estadíos de degradación.

Phanerochaete velutina

Phanerochaete

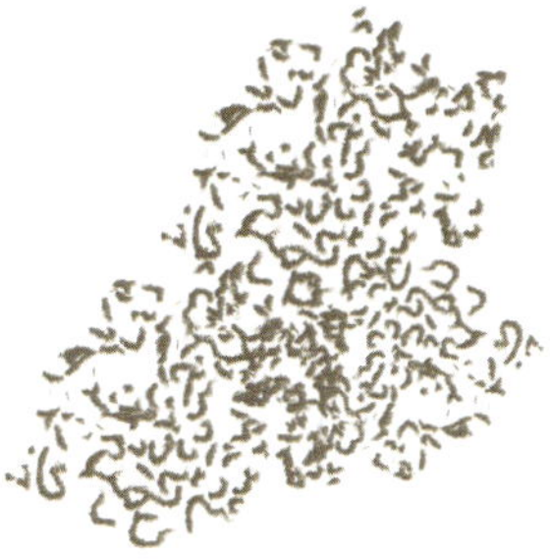

Esporomas resupinados, efusos, cubriendo grandes zonas del sustrato, membranosos. El himenóforo es liso a tuberculado y de colores generalmente blanquecinos a crema en las zonas más maduras. El margen es frecuentemente rizomórfico y se suelen encontrar cordones hifales blanquecinos que penetran en la madera. Muchas de las especies presentan cistidios prominentes que pueden ser observados a la lupa. En madera en descomposición, en los primeros estadíos de degradación o en maderas ligeramente descompuestas.

Phlebia subochracea

Phlebia

Esporomas gelatinosos, resupinados o con el margen reflejo. El himenóforo es muy variable, de liso a generalmente tuberculado, con pliegues, odontioide o hidnoide. A nivel microscópico presentan las hifas embebidas en una matriz gelatinosa que hace difícil su observación y en general no presentan elementos estériles muy característicos. En sentido amplio es un género muy heterogéneo, y últimamente se tiende a su reestructuración en géneros más pequeños y mejor definidos. Sobre madera en descomposición, tanto de coníferas como de árboles planifolios.

Pirex concentricus

Pirex

Esporomas resupinados, efusos, cubriendo grandes zonas del sustrato. Himenóforo muy característico irpicoide con acúleos aplanados, y formando una especie de laberinto semiporoide muy irregular (sin formar poros definidos), de color crema a castaño. Sobre restos de madera en descomposición, generalmente en troncos caídos poco degradados, participando en las primeras etapas de la descomposición.

Sistotrema brinkmannii

Sistotrema

Esporomas muy sencillos y generalmente inconspicuos, a veces difíciles de observar si no es con la ayuda de una lupa. Himenóforo poruloso a más o menos continuo, liso a grandinioide o más raramente irpicoide o poroide, siempre de color blanquecino grisáceo. Se diferencia bien a nivel microscópico por las hifas con contenidos oleosos y por los basidios urniformes habitualmente con seis a ocho esterigmas. Generalmente en restos vegetales poco degradados, cortezas de ramas recién caídas o troncos pequeños poco descompuestos.

Stereodiscus australis

Stereodiscus

Esporomas al principio discoides, orbiculares, que después confluyen generando un esporoma más masivo por el agrupamiento de los pequeños parches. El margen suele ser ligeramente reflejo y diferenciado. Himenóforo liso o más o menos con pequeños pliegues, reflejo de la confluencia y unión de los pequeños parches que originan el esporoma. Es similar al género *Stereum*, pero con una disposición más laxa de las hifas y basidios y basidiosporas de mayor tamaño. Sobre ramas o troncos recién caídos de angiospermas, participando en los primeros estadíos de la degradación.

Stereum greslebiniae

Stereum

Esporomas al principio resupinados, efusos, que cuando maduran van formando un pequeño margen reflejo que suele terminar en un píleo más o menos estructurado. Himenóforo liso a tuberculado, de colores típicamente amarillentos, crema o anaranjados. Sobre tocones, madera caída, ramas o troncos aún corticados. Suelen ser especies que aparecen en las primeras fases de la degradación. En algunas especies, se produce la secreción de un líquido amarillento o rojizo al corte (al igual que sucede con el género *Lactarius* con el que está filogenéticamente relacionado).

Subulicystidium longisporum

Subulicystidium

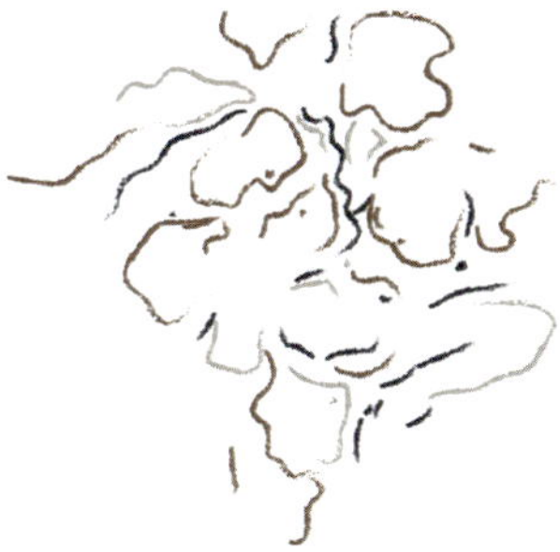

Esporomas generalmente inconspícuos, resupinados, más o menos porulosos y con el himenóforo liso, de color grisáceo. Con la ayuda de una lupa suelen apreciarse los cistidios subulados característicos que dan al himenóforo un aspecto suavemente piloso. A simple vista, puede diferenciarse de otros géneros parecidos, por la presencia de los cistidios. Aparece en madera en descomposición, generalmente en las primeras fases de degradación.

Thanatephorus fusisporus

Thanatephorus

Esporomas resupinados, inconspícuos, himenóforo poruloso a farinaceo, con una coloración grisáceo-violácea, poco diferenciada. A nivel macroscópico presenta dificultades para identificarlo y hay que recurrir a caracteres microscópicos, como son sus grandes basidios con grandes esterigmas y a las basidiosporas que producen esporas secundarias por repetición. Sobre restos leñosos en descomposición.

Tomentella radiosa

Tomentella

Esporomas resupinados, aracnoide a peliculares, muy variables en color, pero, a menudo oscureciendo con una base fuerte. Microscópicamente muy característico por sus esporas ornamentadas y lobuladas. Las especies de *Tomentella* son ectomicorrícicas y cumplen un importante papel en la dinámica de los bosques, utilizando restos leñosos únicamente como el soporte de los esporomas.

Tomentellopsis echinospora

Tomentellopsis

Esporomas resupinados, aracnoide a peliculares, fácilmente separables del sustrato, con una coloración típica amarillenta. Himenóforo liso. Microscópicamente muy característico por sus hifas con septos simples y esporas equinuladas. Sobre restos vegetales en descomposición.

Trechispora farinacea

Trechispora

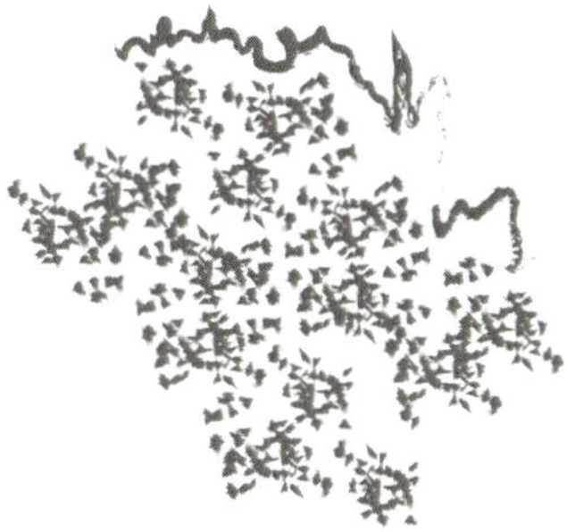

Esporomas resupinados (raramente estipitados), porulosos, muy frágiles, que se rompen al contacto, de color blanquecino. Himenóforo liso a frecuentemente grandinioide a odontioide o poroide, con el margen frecuentemente fibrilloso o formando pequeños rizomorfos. Sobre restos vegetales en descomposición, habitualmente en madera muy degradada.

Tulasnella violea

Tulasnella

Esporomas resupinados, delgados, subgelatinosos en ocasiones (pero no membranáceos como en *Phlebia*), con la superficie himenial lisa, muchas veces con un característico color rosado que lo hace fácilmente reconocible. Sobre madera en descomposición o muy habitualmente parasitando a otros hongos.

Xylodon magallanesii

Xylodon

Esporomas resupinados, característicamente con el himenóforo odontioide a hidnoide o poroide, generalmente de colores claros (aunque también hay algunas especies de color crema a castaño). Suelen formar esporomas aparentes y masivos que lo diferencian de otros géneros odontioides, aunque se hace necesario su estudio microscópico para su distinción. En madera en descomposición.

Glosario

Acúleo: protuberancias a modo de espinas presentes en el himenio.
Adherente (esporoma): que no se separa fácilmente del sustrato sin fragmentarse.
Aracnoide: de estructura y consistencia similar a la tela de araña.
Basidioma (=esporoma): estructura destinada a la dispersión de las esporas, formada por hongos Basidiomycota y constituida por diferentes hifas y otras células generadoras de esporas.
Basidios: células (diploides) de los Basidiomycota que mediante un proceso de división reduccional (meiosis) producen las basidiosporas (haploides).
Basidiosporas: estructuras de dispersión fundamentales en los hongos Basidiomycota. Provienen de una división meiótica de la célula del basidio.
Cistidios: células estériles que no producen esporas y que se disponen en el himenio entre los basidios.
Conectivas (hifas): hifas vegetativas, son más limitadas en el crecimiento que las esqueléticas y muy ramificadas.
Cortícola (hábito): que crecen en corteza de plantas.
Cupuliforme (esporoma): basidioma que adopta una estructura que recuerda a un pequeño disco o cúpula, y ésta puede ser más o menos

abierta o cerrada.
Dimidiado (esporoma): basidioma con forma de semicírculo.
Discoide (esporoma): véase cupuliforme.
Efuso (esporoma): que se extiende y cubre grandes partes del sustrato, sin un margen bien definido.
Esporoma (=basidioma): véase basidioma.
Esqueléticas (hifas): hifas vegetativas, largas, sin ramificar y con paredes muy engrosadas.
Esporada: color de las esporas en masa.
Estípite: pie que sirve para elevar y sostener el esporoma. En los hongos corticioides no está desarrollado.
Farinoso (esporoma): que recuerda a harina.
Fíbula (septo): modo particular de septación, con un ensanchamiento peculiar a modo de asa o fíbula que caracteriza el septo. En general los septos fibulados presentan una única fíbula, aunque en ocasiones pueden presentar varias de ellas.
Flabeliforme (esporoma): basidioma con forma de abanico.
Fructífero (cuerpo): véase basidioma. En los hongos, se utiliza el término cuerpo fructífero para referirse a la estructura formadora de las esporas. Es un término en desuso ya que etimológicamente hace referencia al fruto, y obviamente los hongos no forman frutos en el sentido del término botánico.
Generativas (hifas): son las hifas fundamentales en la constitución de cualquier basidioma y aquellas que producen los elementos himeniales, por lo tanto, están siempre presentes. Este tipo de hifas siempre presentan septos (simples o fibulados) más o menos regularmente espaciados. Pueden variar en color, grosor, o patrón de ramificación a lo largo del basidioma y obviamente entre diferentes especies. Si únicamente encontramos hifas generativas, el sistema de hifas es llamado

monomítico.
Grandinioide (himenóforo): con pequeños gránulos más o menos regulares.
Hidnoide (himenóforo): con acúleos prominentes.
Himenio: zona fértil del esporoma donde se desarrollan los basidios productores de basidiosporas. También pueden encontrarse otras células no productoras de esporas (estériles), denominadas cistidios.
Himenóforo: superficie donde se asienta el himenio.
Irpicoide (himenóforo): con acúleos prominentes, más o menos aplanados y lacerados en el ápice.
Lameliforme (himenóforo): con lamélulas o pequeñas laminillas más o menos desarrolladas.
Ligadoras (hifas): véase conectivas (hifas).
Lignícola (hábito): que crecen en madera en descomposición.
Liso (himenóforo): superficie sin ningún tipo de ornamentación.
Micelio: conjunto de hifas que forman el cuerpo verdadero del hongo.
Micorrícico (hábito): que establecen micorrizas.
Micorriza: relación simbiótica mutualista que se establece entre las hifas del hongo y las raíces de las plantas; el hongo obtiene azúcares y la planta agua, nutrientes, protección y el establecimiento de una red de conexión y transmisión de información (wood wide web).
Muscicola (hábito): que crecen sobre musgos.
Odontioide (himenóforo): con pequeños acúleos más o menos visibles a simple vista.
Pelicular (esporoma): fácilmente separable del sustrato.
Píleo: sombrero o parte del basidioma y en cuya parte inferior desarrolla el himenio. En los hongos corticioides no está desarrollado, más que una pequeña parte refleja.
Poroide (himenóforo): con poros, más o menos desarrollados.

Reflejo (esporoma): basidioma resupinado en el que se desarrolla un pequeño margen separado del sustrato a lo largo de la parte marginal.
Resupinado (esporoma): basidioma totalmente adherido al sustrato, se caracteriza por la ausencia de partes estériles (exceptuando en algunos casos el margen de crecimiento).
Reticulado (himenóforo): con crestas más o menos anastomosadas.
Simple (septo): modo particular de septación, donde la pared celular atraviesa de manera perpendicular a la hifa y no hay diferencias de grosor o consistencia en la hifa.
Vegetativas (hifas): son hifas que se generan a partir de las hifas generativas y no presentan septos en toda su longitud (excepto del septo del que han sido previamente formadas y algún septo adventicio por contracción del protoplasma). Suelen presentar paredes más engrosadas que las hifas generativas. Hay dos tipos básicos, esqueléticas y conectivas. En general, las hifas vegetativas son raras en los hongos corticioides, excepto en aquellas especies en los que el basidioma se encuentra más desarrollado y estructurado y dichas hifas tienen que dar consistencia y soporte al mismo.
Verrugoso o tuberculado (himenóforo): con pequeñas excrecencias tipo verrugas o tubérculos irregulares.

Agradecemos a Alina G. Greslebin y a Mario Rajchenberg
las facilidades para el estudio de los hongos costra en la Argentina
y a Gerardo L. Robledo la fotografía de Kavinia chacoserrana

Índice taxonómico

Made in the USA
Coppell, TX
15 September 2026

90102701R00040